La vida en el jardín

Elizabeth Austen

Smithsonian

¡Crezcan, flores!

¡Crezcan, árboles!

¡Brilla, sol!

¡Brillen, piedras!

¡Moja, lluvia!

¡Moja, agua!

¡Vengan, pájaros!

¡Vengan, abejas!

¡Ven, lombriz!

¡Ven, escarabajo!

¡Vengan, ardillas!

¡Vengan, ranas!

¡Vengan, nubes!

¡Ven, brisa!

¡Vengan, amigos!

DESAFÍO DE CTIAM

El problema

¿Cómo puedes atraer más pájaros a tu jardín? Una casa para pájaros con comedero puede ayudar.

Los objetivos

- Haz una casa para pájaros que tenga un comedero.
- Los pajaritos deben poder meterse en la casa.
- Tu casa debe estar colgada al aire libre.

1 Investiga y piensa ideas

Aprende sobre los jardines.

2 Diseña y construye

Dibuja tu plan. ¡Construye tu casa para pájaros con comedero!

3 Prueba y mejora

Pon a prueba la casa para pájaros. Luego, trata de mejorarla.

4 Reflexiona y comparte

¿Qué aprendiste?

Asesoras

Amy Zoque
Coordinadora y asesora didáctica de CTIM
Escuela Vineyard de CTIM
Distrito Ontario Montclair

Siobhan Tangney
Escuela primaria Marblehead
Distrito Escolar Unificado Capistrano

Créditos de publicación

Rachelle Cracchiolo, M.S.Ed., *Editora comercial*
Conni Medina, M.A.Ed., *Redactora jefa*
Diana Kenney, M.A.Ed., NBCT, *Realizadora de la serie*
Emily R. Smith, M.A.Ed., *Directora de contenido*
Véronique Bos, *Directora creativa*
Robin Erickson, *Directora de arte*
Stephanie Bernard, *Editora asociada*
Caroline Gasca, M.S.Ed., *Editora superior*
Mindy Duits, *Diseñadora gráfica superior*
Walter Mladina, *Investigador de fotografía*
Smithsonian Science Education Center

Créditos de imágenes: pág.12 Pixabay/Pexels; todas las demás imágenes cortesía de iStock y/o Shutterstock.

Library of Congress Cataloging-in-Publication Data

Names: Austen, Elizabeth (Elizabeth Charlotte), author.
Title: La vida en el jardin / Elizabeth Austen, Smithsonian Institution.
Other titles: Garden life. Spanish
Description: Huntington Beach, CA : Teacher Created Materials, [2020] | Audience: Grades K-1
Identifiers: LCCN 2019041231 (print) | LCCN 2019041232 (ebook) | ISBN 9780743925518 (paperback) | ISBN 9780743925662 (ebook)
Subjects: LCSH: Garden animals--Juvenile literature. | Garden ecology--Juvenile literature. | Gardens--Juvenile literature.
Classification: LCC QH541.5.G37 A8718 2020 (print) | LCC QH541.5.G37 (ebook) | DDC 577.5/54--dc23

Smithsonian

Teacher Created Materials

5301 Oceanus Drive
Huntington Beach, CA 92649-1030
www.tcmpub.com

ISBN 978-0-7439-2551-8

Printed in Malaysia
Thumbprints.25940